"十三五"国家重点出版物出版规划项目

丛书主编　田如森

筑梦科技 载人航天
航 天 篇

吴国兴　编著

科学普及出版社

·北 京·

图书在版编目（CIP）数据

载人航天 / 吴国兴编著. -- 北京：科学普及出版社，2019.9
（筑梦科技 / 田如森主编 . 航天篇）
ISBN 978-7-110-09634-5

Ⅰ．①载… Ⅱ．①吴… Ⅲ．①载人航天－青少年读物
Ⅳ．①V4-49

中国版本图书馆CIP数据核字(2017)第174968号

策划编辑　许　慧　李　红　张秀智
责任编辑　何红哲
责任校对　杨京华
责任印制　李晓霖
装帧设计　北京高博特广告有限公司

出　　版　科学普及出版社
发　　行　中国科学技术出版社有限公司发行部
地　　址　北京市海淀区中关村南大街16号
邮　　编　100081
发行电话　010-62173865
传　　真　010-62173081
网　　址　http://www.cspbooks.com.cn

开　　本　787mm×1092mm　1/16
字　　数　140千字
印　　张　6.25
版　　次　2019年9月第1版
印　　次　2019年9月第1次印刷
印　　刷　北京博海升彩色印刷有限公司
书　　号　ISBN 978-7-110-09634-5/V·39
定　　价　49.00元

前　言

载人航天虽然是一件家喻户晓、众所周知的事情，但是有关载人航天的一些基本常识，可能鲜为人知，本书既不讲载人航天的大道理，也不涉及高深的技术知识，只是将一些最简单和最常见的概念用最通俗的语言表达出来，供需要的人参考。对于刚开始接触科学知识的青少年朋友，也算是一本载人航天的启蒙读物。

一本好的科普读物必须具备科学性、知识性和趣味性三个基本要素，其中最难做到的是趣味性。本书在保证科学性和知识性的前提下，通过两方面来提高作品的趣味性：其一是内容的生动；其二是插图的精美。

在内容方面，本书是以航天员为中心，围绕着航天员来讲载人航天的故事。书中除了对国内外的航天员进行介绍以外，还用相当大的篇幅来介绍航天员的太空生活，航天员的太空行走以及航天员的选拔训练等。有关航天员的太空生活虽然书刊杂志上已有大量的报道，但是本书特别讲述了一些鲜为人知的事情，如航天员在太空吃什么？他们的胃口怎么样？航天员在太空怎样搞个人卫生？航天员在太空怎样过节假日？航天员在太空行走中怎样尿尿？

长大了想当航天员的青少年读者，感兴趣的可能就是航天员选拔的训练。本书最后一章"什么人能当航天员"不仅详细介绍了国内外航天员如何选拔和训练，还告诉您如果将来想当航天员，现在应该做哪些准备？

在插图方面，本书力争图文并茂。书中不仅讲述了一个个有关航天员的故事，而且每个故事都配有精美插图。如果您不想阅读大量文字，只要看看书内各章节标题，再翻翻标题下的精美插图，也能大概了解载人航天是怎么一回事。

一本好的科普读物，不仅给读者提供丰富的科学知识，还能激发读者对科学的爱好和兴趣。希望读者在读完这本书之后，能对载人航天产生一点兴趣，从而更加关心和支持我国的载人航天事业。

吴国兴

2018年11月

ONTENTS
目录

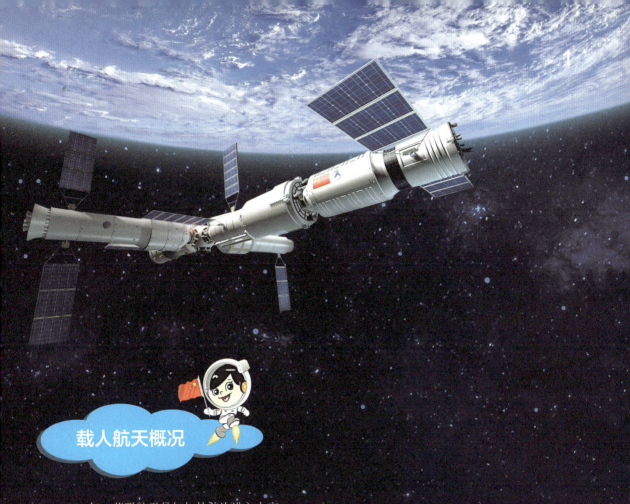

载人航天概况

1961 年：苏联航天员加加林首次进入太空。

1965 年：苏联航天员列昂诺夫首次实现人类航天史上的太空行走。

1969 年：美国航天员阿姆斯特朗实现人类踏上月球第一人。

1971 年：苏联发射世界上第一艘空间站——礼炮一号。

1981 年：美国哥伦比亚号航天飞机使可重复使用的天地往返成为现实。

1986 年：美国挑战号航天飞机起飞时发生爆炸，成为迄今最大的一次航天灾难。

1995 年：俄罗斯和平号空间站与美国亚特兰蒂斯号航天飞机对接，拉开建造国际空间站序幕。

2003 年：中国神舟五号载人飞船发射升空，杨利伟成为中国首位进入太空的航天员。

2008 年：中国神舟七号载人飞船顺利升空，航天员翟志刚首度实施空间出舱活动。

2012 年：中国神舟九号载人飞船发射升空，三名航天员景海鹏、刘洋、刘旺对接天宫一号。

2013 年：中国神舟十号载人飞船发射升空，飞行乘组由航天员聂海胜、张晓光和王亚平组成。

2016 年：中国天宫二号发射成功，预示着未来中国将成为探索太空科研的主要力量。

2016 年：中国神舟十一号载人飞船发射升空，景海鹏和陈冬两名航天员在轨工作、生活 33 天，
　　　　创造中国载人航天在轨飞行时间的新纪录。

什么是载人航天

　　载人航天是指人类驾驶或乘坐载人航天器在太空从事探测、试验、研究和生产等航天活动。载人航天的目的是把人类的活动范围从陆地、海洋和大气层扩展到太空，更好地认识太空环境、开发和利用太空资源。

国际空间站

苏联航天员尤里·加加林

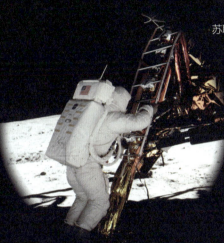

美国阿波罗 11 号飞船航天员实现人类首次登月

执行中国首次载人航天飞行任务的航天员杨利伟

美国奋进号航天飞机

东方号载人飞船

世界载人航天大事件有哪些

1961 年 4 月 12 日，苏联发射了世界上第一艘东方号载人飞船，航天员加加林在人类历史上首次登上太空绕地球飞行 108 分钟，开创了人类载人航天的新纪元。

1969 年 7 月 21 日，阿波罗 11号登月飞船成功在月球上软着陆，航天员阿姆斯特朗和奥尔德林踏上月球，人类载人航天和空间探索取得重大突破。

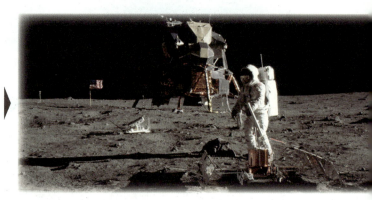

美国阿波罗 11 号飞船航天员在月面工作

1971 年，苏联发射了第一个空间站礼炮号，苏联共发射了 7个礼炮号空间站和 1 个和平号空间站。

和平号空间站

1981 年，美国发射航天飞机哥伦比亚号，后又相继研制了挑战者号、发现号和亚特兰蒂斯号航天飞机。1986 年挑战者号失事后，美国又研制了奋进号航天飞机。

发现号航天飞机

1983 年，时任美国总统里根首先提出发展国际空间站，1993 年完成设计，并开始实施，1998 年 11 月 20 日国际空间站第一个部件曙光号功能货舱发射升空，2011 年国际空间站全面建成。

国际空间站

2003 年 10 月 15 日 9 时整，中国航天员杨利伟乘坐的神舟五号载人飞船飞上太空，开创了中国载人航天的新纪元。

神舟五号载人飞船

世界著名的航天员有哪些

加加林

苏联航天员，红军上校飞行员，是第一位进入太空的地球人。生于斯摩棱斯克州格扎茨克区的克卢希诺镇一个集体农庄庄员家庭，白俄罗斯人。1955 年从萨拉托夫工业技术学校毕业后参军。1957 年在契卡洛夫第一军事航空飞行员学校结业，成为红旗北方舰队航空兵歼击机飞行员，同年与瓦莲京娜结婚。1960 年被选为航天员，加入苏联共产党。

1961 年 4 月 12 日，加加林乘坐东方 1 号载人飞船从拜克努尔发射场起航，在最大高度为 301 千米的轨道上绕地球一周，历时 1 小时 48 分钟，从而完成了世界上首次载人航天飞行。

第一位进入太空的地球人加加林

捷列什科娃

世界上第一位女航天员，苏联空军少将，被誉为"民族英雄""世纪女性"，获得过联合国和平金奖、列宁勋章、齐奥尔科夫斯基奖章等，是世界上十几个城市的荣誉市民，月球背面的一座环形山以她的名字命名。

1963 年 6 月 16 日，捷列什科娃驾驶宇宙飞船东方 6 号升空，一共飞行了 70 小时 40 分钟 49 秒，绕地球 48 圈，成为人类第一位进入太空的女性。

目前捷列什科娃还在继续积极地从事社会活动，她希望能参加火星探险活动。

世界上第一位女航天员捷列什科娃

列昂诺夫

苏联航天员。1934 年 5 月 30 日出生于克麦罗沃州。1953 年参军。1957 年毕业于丘吉耶夫军事航校，进入航空部队担任飞行员。1960 年被选入航天员队伍。1965 年 3 月 18 日，乘上升 2 号飞船进入太空飞行，在舱外活动 24 分钟，系安全带离开飞船达 5 米，成为世界上第一位在太空行走的人。这次飞行历时 26 小时 2 分钟。1975 年 7 月 15 日，担任联盟 19 号飞船指令长再次进入轨道，同美国阿波罗号飞船的 3 名航天员进行 6 天的联合飞行。

第一位在太空行走的人列昂诺夫

阿姆斯特朗（左）、科林斯（中）、奥尔德林（右）

阿姆斯特朗

1930 年 8 月 5 日出生于美国俄亥俄州瓦帕科内塔。1955 年获珀杜大学航空工程专业理学硕士学位。1949—1952 年在美国海军服役（飞行驾驶员）。阿姆斯特朗是第一个登上月球的航天员 。

1969 年 7 月 16 日，阿姆斯特朗同奥尔德林、科林斯一起乘阿波罗 11 号飞船飞向月球。4 天后由他手控操纵登月舱在月面上着陆，然后阿姆斯特朗从登月舱走下来，踏上积满尘土的月球表面。

阿波罗 11 号飞船航天员登月

柯林斯

1956 年 11 月 19 日出生于美国纽约。1995 年 2 月 3 日，柯林斯乘发现号航天飞机飞上太空。1999 年，已经身为人母的柯林斯第三次进入太空，成为人类历史上第一位航天飞机女指令长，驾驶哥伦比亚号航天飞机完成了 7 月 23 日至 27 日的飞行。至今，她驾驶过三十多种不同型号的飞机，累计飞行时间达到 6280 多小时，其中有 537 小时是在太空度过的。

世界首位航天飞机女驾驶员柯林斯

截至 2016 年，我国 11 名进入太空的航天员

飞行器	航天员	时间	任务
神州五号	杨利伟	2003.10.15	中国进入太空的第一人
神州六号	费俊龙　聂海胜	2005.10.12	完成相关科研任务
神州七号	翟志刚　刘伯明　景海鹏	2008.9.25	翟志刚成为第一位在太空留下足迹的中国人
神州九号	景海鹏　刘　旺　刘　洋	2012.6.16	天宫一号交会对接
神州十号	聂海胜　张晓光　王亚平	2013.6.11	完成相关科研任务
神州十一号	景海鹏　陈　冬	2016.10.17	天宫二号交会对接

杨利伟，少将军衔，特级航天员

中国航天英雄杨利伟

杨利伟，1965 年 6 月出生于辽宁省绥中县。1983 年，18 岁的他考入空军第八飞行学院，毕业后成为一名歼击机飞行员。作为一名飞行员，他曾多次遇到并处理过空中险情。1992 年夏，他驾驶战机在作超低空飞行时，飞机发动机在空中停车。紧急关头，他冷静处置，小心应对，安全驾机返回地面。

1998 年 1 月，作为中国首批航天员中的一员，杨利伟来到了北京航天员训练中心。他从《载人航天工程基础》《航天医学基础》和《星空识别》等课程学起。最初两年，每天夜里 12 点之前没有睡过觉。在做超重耐力训练的离心机项目时，杨利伟在承受 8 个 G 的重力负荷的同时，还必须保持头脑的清醒，敏锐及时地作出各项正确判断。

神舟五号载人飞船发射准备阶段，经专家组无记名投票，杨利伟以其优秀的训练成绩和综合素质，被选入 3 人首飞梯队，并被确定为首席人选。在被确定为首飞梯队后，杨利伟更加努力地全身心投入到强化训练之中。那段日子里，他大部分的时间都待在飞船模拟器里，熟悉舱内的各种设备和电路，牢记飞行指令。

功夫不负有心人，在 5 次正常飞行程序考试中，他获得了 2 个 99 分、3 个 100 分的好成绩，专业技术综合考评排名第一。正因为杨利伟对飞船飞行程序和操作程序烂熟于心，在 21 小时 23 分钟的飞天之旅中，他的全部操作没有出现一次失误。

杨利伟在太空

杨利伟出舱

杨利伟在训练

2003 年 10 月 15 日 9 时整，随着零号指挥员"点火！起飞！"口令的下达，火箭托举着飞船和飞船里的杨利伟徐徐升空。次日清晨，神舟五号飞船返回舱在预定地点准确着陆。杨利伟迈出舱门时说的第一句话是，"这是祖国历史上辉煌的一页，也是我生命中最伟大的一天"。

2003 年 11 月 7 日，中共中央、国务院、中央军委授予杨利伟"航天英雄"荣誉称号和"航天功勋"奖章。

杨利伟在模拟舱训练

中国首位女航天员刘洋

刘洋，女，汉族，出生于河南省郑州市管城回族区，祖籍河南省安阳市林州市，中共党员，学士学位。空军70后飞行员中优秀代表。1978年10月6日出生，1997年8月入伍，2001年5月入党，现为中国人民解放军航天员大队四级航天员，少校军衔。曾任空军某飞行大队副大队长，安全飞行1680小时，被评为空军二级飞行员。2010年5月正式成为我国第二批航天员，经过两年多的航天员训练，完成了基础理论、航天专业技术、飞行程序与任务模拟等各类各科训练任务，以优异成绩通过航天员专业技术综合考核。2012年3月入选神舟九号任务飞行乘组。2012年6月神舟九号顺利升空，成为中国第一位飞天的女航天员。被评选为"2012中华儿女年度人物"。刘洋现任全国妇联副主席（兼），解放军航天员大队航天员。

中国首位女航天员刘洋

刘洋在神舟九号太空舱

训练中的刘洋

刘洋从飞船返回舱中出来的场景

载人航天器

中国的载人飞船

　　载人飞船是载人航天工程的核心系统，由轨道舱、返回舱、推进舱及两对太阳能电池帆板组成。轨道舱是航天员在轨飞行期间的工作和生活舱段，在飞行试验结束后留在天上，继续运行，并可作为将来做交会对接试验的空间对接目标。推进舱内有许多大大小小的火箭发动机，用来进行姿控、变轨、制动，在返回时扔掉后会在大气层内烧毁。唯一可返回地面的是返回舱，3名航天员在上升段和返回段都坐在返回舱里面。返回采用升力控制方案及降落伞回收方案。

神舟号飞船

神舟号载人飞船采用轨道舱、返回舱和推进舱组成的三舱方案，额定乘员 3 人，可自主飞行 7 天。载人飞行结束后，其轨道舱继续留轨运行约半年，开展空间对地观测、科学与技术实验。

神舟飞船按在太空中飞行状态，从前到后依次由轨道舱、返回舱、推进舱和一个附加段构成，总长 7.4～9.2 米，整船重约 8 吨，最大直径约 2.8 米，为与其他航天器、未来空间实验室和空间站对接，根据飞行任务需要，最前端可安装交会对接机构。

推进舱
呈圆柱形，舱内安装推进系统发动机和推进剂、电源及通信系统设备等，为飞船返回地面提供能源和动力。

返回舱
形似大钟，航天员可乘坐它上天和返回地面，是飞船的指挥中心，舱内设有仪表显示、报警和照明设备。同时设有手动操作手柄，必要时航天员可手动控制飞船姿态。还装有可以降落的降落伞和反推力火箭，实现软着陆。

轨道舱
呈圆桶形状，提供出舱活动需要的气阀舱功能和航天员生活舱功能，装有泄复压设备、舱外航天服存放架。

运载火箭系统
把载人飞船安全可靠送入预定轨道的运载工具，可靠性超过 99.9%。它包括箭体结构、动力、控制装置等 10 个分系统，特别增加了载人所需要的故障检测和逃逸救生两个分系统。运载火箭取名"长征二号 F"。

测控通信系统
用来对运载火箭和飞船保持天地之间的经常性联系，由指挥控制中心、陆上地面测控站、活动测量站和远洋航天测量船队组成。

发射场系统
设在酒泉卫星发射中心，由技术区、发射区、试验指挥区、首区测量区和航天员区等六大区组成，形成火箭、飞船、航天员从测试到发射以及上升段、返回段测量的一套完整体系。

空间应用系统

主要包括空间对地观测和空间科学研究两个方面，主要任务是利用载人飞船的空间实验支持能力开展各项科学实验和应用研究。

载人飞船系统

它是载人航天的核心部分，由推进舱、轨道舱和返回舱组成。其中轨道舱和返回舱为密封结构，为航天员和有效载荷提供必要的生活和工作条件，保证航天员进行有效的空间实验和出舱活动，并安全返回地面。

飞船应用系统

利用载人飞船的空间实验支持能力，开展科学实验，广泛用于农业、医学及工业等各行业之中。

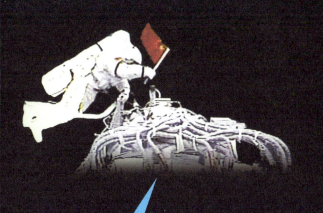

航天员系统

以航天员为中心的医学和工程相结合的复杂系统。它涉及航天生命科学和航天医学等领域，包括航天员的选拔、训练、医学监督保障、营养食品、飞行训练模拟等分系统。

着陆场系统

包括主、副着陆场，以及陆上应急救援、海上应急救援、通信测量、航天员医保等部分。主着陆场设在内蒙古中部四子王旗草原，副着陆场设在酒泉卫星发射中心的东部戈壁。

天宫一号空间实验室

天宫一号是中国第一个目标飞行器和空间实验室，于 2011 年 9 月 29 日 21 时 16 分 3 秒在酒泉卫星发射中心发射，飞行器全长 10.4 米，最大直径 3.35 米，重 8.5 吨，由实验舱和资源舱构成。天宫一号的发射标志着中国已经拥有建立初步空间站，即短期无人照料的空间站的能力。天宫一号设计在轨寿命两年，在寿命末期将主动离轨，陨落在南太平洋。

天宫一号的主要任务之一是为实施空间交会对接试验提供目标飞行器。而之后发射的神舟系列飞船，也称作"追踪飞行器"，入轨后主动接近目标飞行器。

2011 年 11 月，天宫一号与神舟八号飞船成功对接，中国也由此成为世界上第三个自主掌握空间交会对接技术的国家。2012 年 6 月 18 日，神舟九号飞船与天宫一号目标飞行器成功实现自动交会对接，中国 3 位航天员首次进入在轨飞行器。2013 年 6 月 13 日，神舟十号飞船与天宫一号顺利完成了自动交会对接。

天宫一号分为实验舱和资源舱。与之前的载人航天器相比，天宫一号为航天员提供的可活动空间大大拓展，达 15 立方米，能够同时满足 3 名航天员工作和生活的需要。实验舱前端装有被动式对接结构，可与追踪飞行器进行对接。

天宫一号在技术厂房

对接机械装置
神舟飞船前端都有"异体同构周边"对接机构，用于与天宫一号对接。

资源舱
天宫一号内有发动机、电源装置等，为轨道机动提供动力，为飞行提供能源。

跟踪测量系统
神舟一号前端都装有用于空间交会对接的跟踪测量设备，包括信标应答器、通信天线等。

实验舱
天宫一号由密封的前锥段、柱段和后锥段组成，前端安装对接机构，以及交会对接测量和通信设备，用于支持飞船实现交会对接以及航天员驻留期间在轨工作和生活。

太阳翼
天宫一号采用折叠式太阳能电池板，这是中国低轨飞行器中最复杂的太阳翼设计。

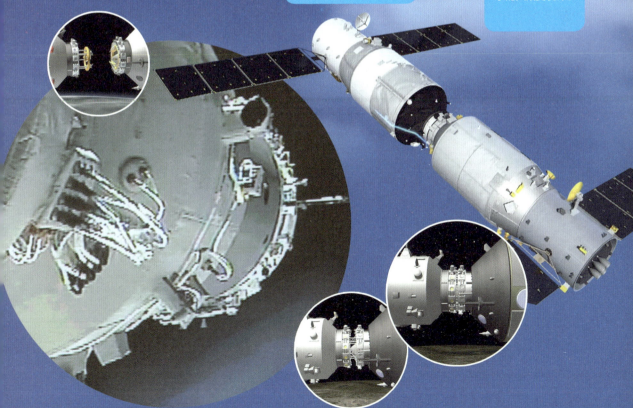

天宫一号对接全过程

天宫二号空间实验室

天宫二号空间实验室是继天宫一号后中国自主研发的第二个空间实验室，用于进一步验证空间交会对接技术及进行一系列空间试验。

2016年9月15日22时04分，天宫二号空间实验室发射任务取得圆满成功。11月17日12时41分，神舟十一号飞船与天宫二号空间实验室成功实施分离，神舟十一号飞船11月18日13:33—14:13返回地球。12月8日，中国航天科技集团公司天宫二号-神舟十一号载人航天任务研制团队获得2016影响中国年度科技人物奖。

2017年4月22日，天舟一号与天宫二号实现自动交会对接。4月27日，天舟一号货运飞船与天宫二号空间实验室成功完成首次推进剂在轨补加试验。6月21日，天舟一号与天宫二号实施撤离，开始进入独立运行阶段。 9月12日23时58分，天舟一号货运飞船完成了与天宫二号空间实验室的自主快速交会对接试验。9月17日16时15分，在经过近5个月的飞行后，天舟一号货运飞船按计划与天宫二号空间实验室完成分离，继续开展离轨前的拓展应用和相关试验。

天宫二号在技术厂房

实验舱——智能太空屋

智能太空屋,首次开展宜居载人环境设计22.3平方米组合体自由空间。特殊的密封实验舱、有害气体检测、空气净化系统,外有感知空间碎片、太空垃圾威胁的"神经系统"。

实验舱结构轻巧结实、航天员活动空间更大。通信方面首次配备蓝牙耳机、音响,舱内米黄色的灯光可调节,用地板代替地毯,为航天员设计可展开的多功能小平台。

资源舱

非密封结构,主要功能是为天空二号在天空飞行提供能源和动力。

实验舱

密封结构,主要功能是为航天员在太空生活提供洁净、温度和湿度适宜的载人环境和活动空间。

空间机械臂

天宫二号首次搭载机械臂操作终端试验器,将开展中国人机协同天空在轨维修试验,空间机械臂臂展超过10米,是典型的空间机器人,用于空间站在轨组装、在轨维修、货物搬运与转移、辅助航天员出舱活动等,是未来中国空间站建设和运营的关键设备。

太阳翼

采用折叠式太阳能电池板,展宽约为18.4米。

天宫二号结构示意图

空间交会对接

空间交会对接是指两个航天器在空间轨道上会合并在结构上连成一个整体的技术，是实现航天站、航天飞机、太空平台和空间运输系统的空间装配、回收、补给、维修、航天员交换及营救等在轨道上服务的先决条件。交会对接过程有四个阶段，同时根据航天员介入的程度和智能控制水平可分为 4 种操作方式。2011 年 11 月 3 日凌晨，神舟八号飞船与天宫一号实现中国首次空间交会对接。2012 年 6 月 18 日 14 时，神舟九号飞船与天宫一号实现中国第二次空间交会对接，是中国首次载人交会对接。使中国成为继俄罗斯和美国后，世界上第三个完全掌握空间交会对接的国家。2013 年 6 月 13 日，神舟十号与天宫一号进行交会对接。

指挥控制中心

  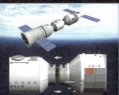  

远距离导引段

　　神舟飞船入轨后，在地面站的引导下，经过 4 次变轨，使得神舟飞船达到与天宫一号共面的 330 千米的圆形轨道。然后再进一步引导神舟飞船到距天宫一号后下方 52 千米处，与天宫一号建立稳定的空空通信链路，自此完成了远距离导引。

自主控制段

　　这个阶段又细分为接触、缓冲和拉近三个阶段。为了保证每一步准确对接，降低风险，中间设了几个停泊点（停泊就是安全的等候），分别是 5000 米、400 米和 30 米。在停泊点，对飞船进行例行"体检"，把轨道调整到理想位置，向天宫一号慢慢靠近。

对接段

　　神舟九号与天宫一号对接环刚一接触，飞船尾部发动机随即点火，将飞船轻轻推进天宫怀抱，对接机构先后完成捕获、缓冲、拉近和锁紧 4 个过程完成交会对接并密封。

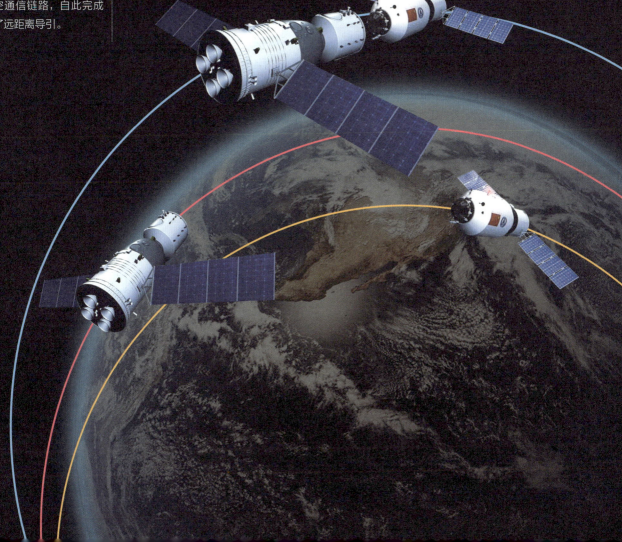

外国的载人飞船

联盟号飞船

联盟号是俄罗斯研制的第三代载人飞船，是俄罗斯一种比较成熟的载人航天器。联盟 T 是联盟号飞船的直接升级物和替代品，是俄罗斯航天部门拥有的唯一一种可载人航天器，也是可向国际空间站输送航天员仅有的两种工具之一（另一种是美国的航天飞机，现已退役）。

联盟号飞船在 1967—1981 年共发射 40 艘。联盟 1 ～ 10 号，可载 1 ～ 3 人，这些航天员被发射到地球轨道。其余 30 次飞行大部分是联盟号飞船的轨道舱与俄罗斯的礼炮号空间站相连；交换一名联盟号乘员。乘员进入礼炮号后，可在站上进行较长时间的科学实验。

联盟号飞船是一种多座位载人飞船，飞船内有 1 个指挥舱和 1 个供科学实验和航天员休息的舱房。联盟号第一次发射是在 1967 年 4 月 23 日，飞行目的是演练这种新的宇宙飞船各个系统的工作情况。不幸的是这次飞行酿成了一场悲剧。

联盟号飞船

联盟号飞船与礼炮号空间站对接

联盟号飞船发射

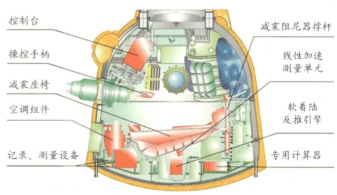

控制台
操控手柄
减震座椅
空调组件
记录、测量设备
减震阻尼器撑杆
线性加速测量单元
软着陆反推引擎
专用计算器

联盟号飞船座舱内部结构

阿波罗号飞船指令舱

阿波罗飞船

　　阿波罗计划是美国从 1961 年到 1972 年从事的一系列载人登月飞行任务，它是世界航天史上具有划时代意义的一项成就。阿波罗计划开始于 1961 年 5 月，至 1972 年 12 月第 6 次登月成功结束，历时约 11 年，耗资 255 亿美元。在工程高峰时期，参加工程的有 2 万家企业、200 多所大学和 80 多个科研机构，总人数超过 30 万人。

　　阿波罗 11 号飞船于 1969 年 7 月 20—21 日首次实现人登上月球的理想。此后，美国又相继 6 次发射阿波罗号飞船，其中 5 次成功。共有 12 名航天员登上月球。

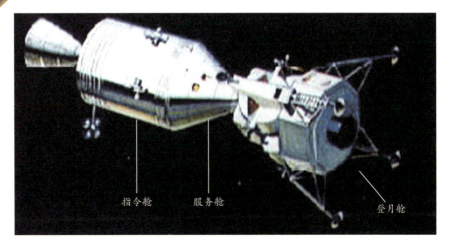

指令舱　　　　服务舱　　　　　　登月舱

阿波罗号飞船结构图

空间站

　　空间站，又称太空站，是绕地球长时间运行的大型载人航天器，它宛如一座大厦飘浮在天上，在浩瀚的太空日夜陪伴着地球。

　　空间站是在人造卫星技术基础上发展起来的，20世纪50年代末发展起来的人造卫星和返回式卫星是最早的航天器，在返回式卫星的基础上，发展了无人飞船；在解决了人在太空的生命安全以后，发展了载人飞船。无人飞船与载人飞船的最大区别是，在载人飞船里建立了生命保障系统。载人飞船虽然把人送上了太空并返回，但人类并不满足于在太空作短暂的旅行，为了开发太空，需要建立长期生活和工作的基地。有了载人飞船、运货飞船等往返天地间的运输工具，又解决了航天员出舱活动和航天器太空交会对接等技术问题，从而发展了空间站，它是人类探索太空，开发利用空间资源的重要平台。

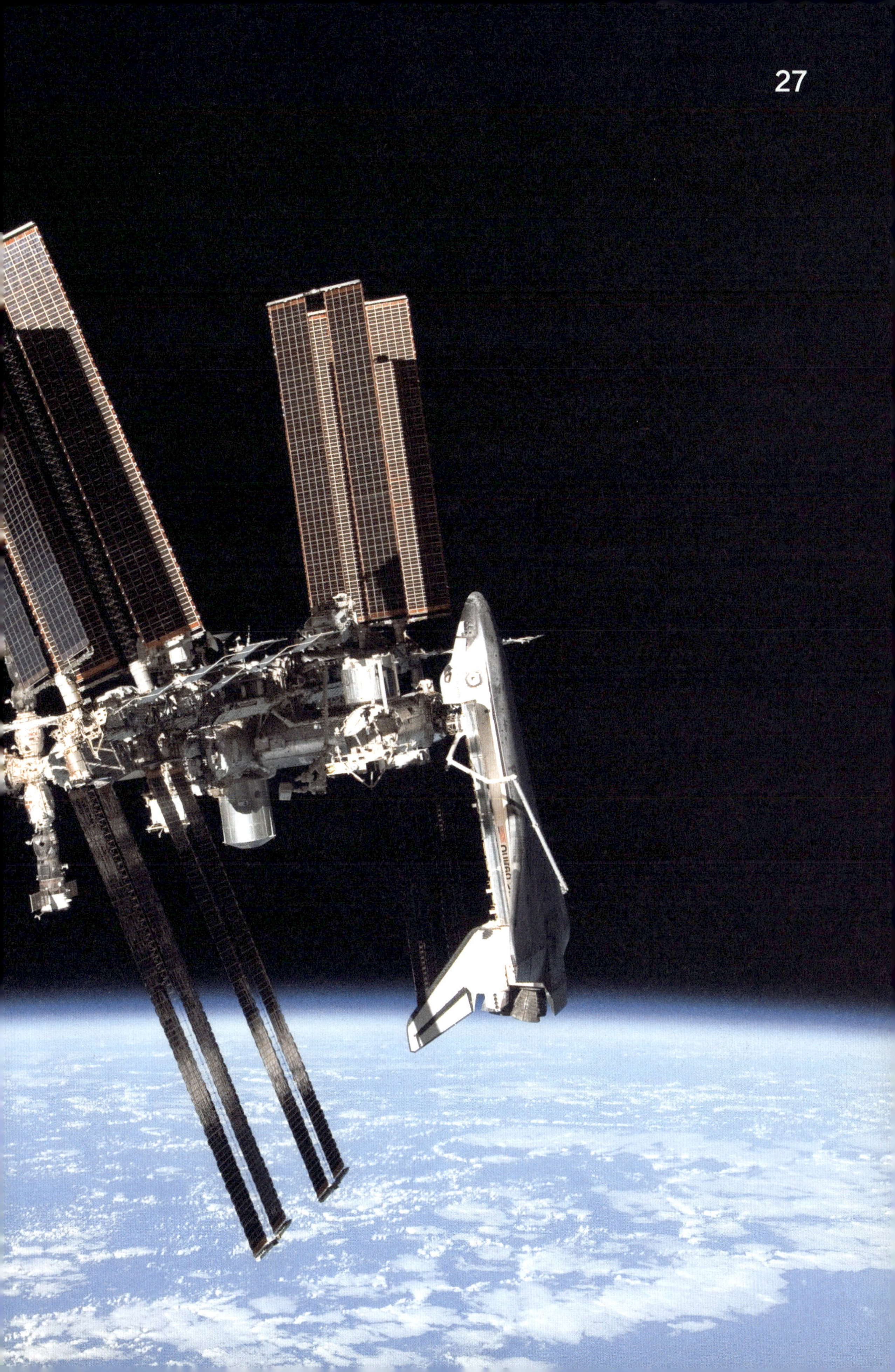

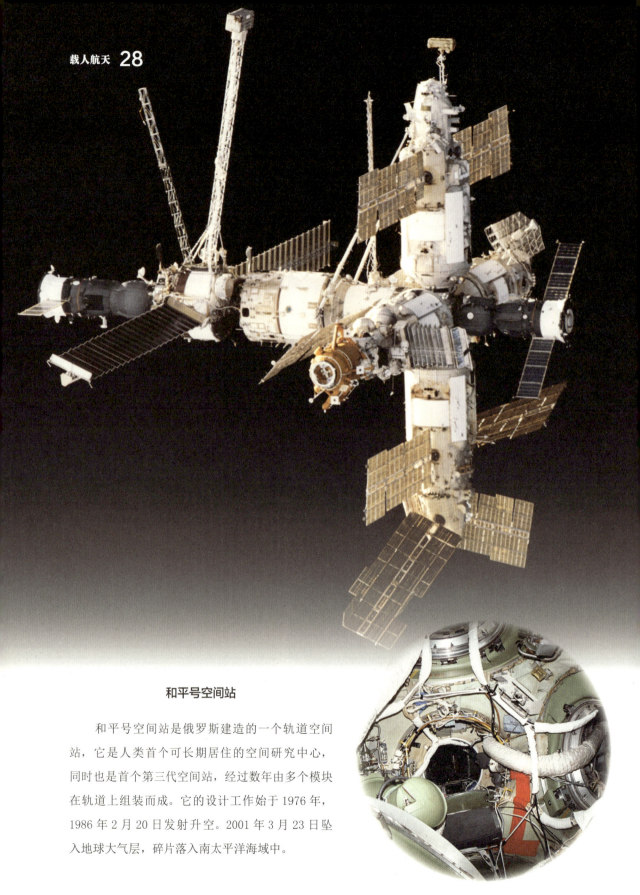

和平号空间站

　　和平号空间站是俄罗斯建造的一个轨道空间站，它是人类首个可长期居住的空间研究中心，同时也是首个第三代空间站，经过数年由多个模块在轨道上组装而成。它的设计工作始于 1976 年，1986 年 2 月 20 日发射升空。2001 年 3 月 23 日坠入地球大气层，碎片落入南太平洋海域中。

和平号空间站舱内环境

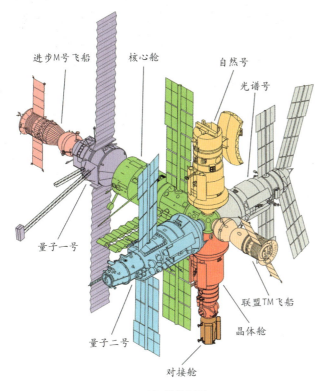

进步M号飞船　核心舱　自然号　光谱号

量子一号　联盟TM飞船　晶体舱

量子二号　对接舱

和平号空间站结构图

全部装成的和平号空间站全长87米，质量达175吨（如与航天飞机对接则达223吨），有效容积470立方米，其中科研仪器重约11.5吨。它在高350～450千米的轨道上运转，约90分钟环绕地球一周。

　　和平号空间站原设计寿命5年，到1999年它已在轨工作了12年之多，除俄罗斯的航天员外，还接待了其他国家和组织的航天员，他们在和平号空间站上取得了丰硕的研究成果。

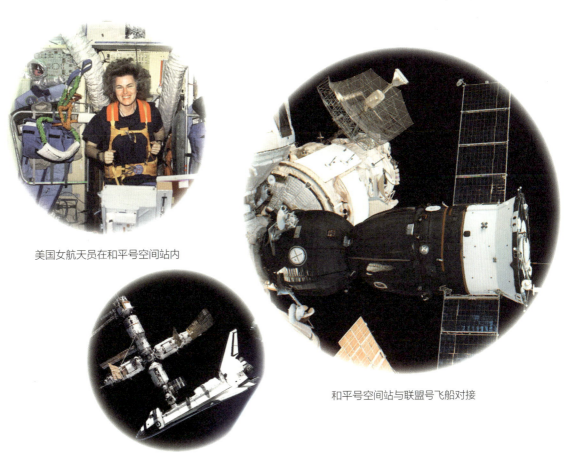

美国女航天员在和平号空间站内

和平号空间站与联盟号飞船对接

和平号空间站与航天飞机对接

国际空间站

国际空间站是一个在近地轨道上运行的可供人生活和工作的人造天体。国际空间站的建造是由五个太空机构联合进行。国际空间站的设想是 1983 年由美国总统里根首先提出的，经过近十余年的研究和反复多次的设计，直到 1993 年完成最后设计开始实施。2011 年 5 月，国际空间站在太空的组装工作基本完成。按目前计划，国际空间站将一直运行到 2028 年。

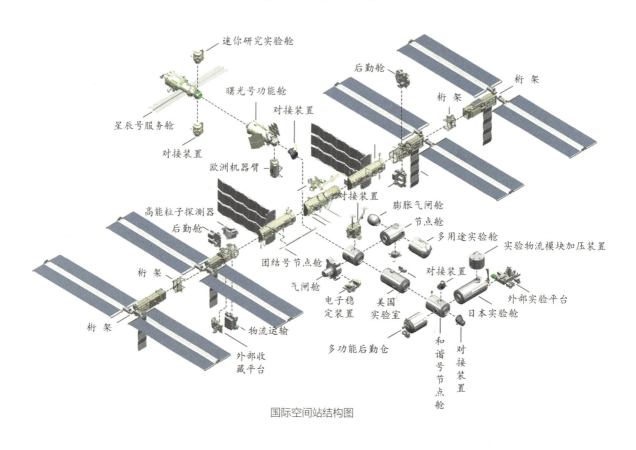

国际空间站结构图

国际空间站的总质量约 423 吨、长 108 米、宽（含翼展）88 米，内部空间 1200 立方米，总输出功率达到 110 千瓦，桁架长度 108.4 米，舱体长度 74 米，运行轨道高度为 397 千米，载人舱内大气压与地表面相同，可载 6 名航天员。国际空间站结构复杂，规模大，由航天员居住舱、实验舱、服务舱，对接过渡舱、桁架、太阳能电池等部分组成。

国际空间站由四大舱段组成：美国舱段、俄罗斯舱段、欧洲航天局的哥伦布实验舱和日本的希望号实验舱。其中美国舱段包括：节点 1 号舱、命运号实验舱、探索号气闸舱、节点 2 号舱、瞭望号观察舱和节点 3 号舱；俄罗斯舱段包括：曙光号多功能舱、星辰号服务舱、码头号对接舱、迷你 1 号研究舱、迷你 2 号研究舱和永久性多功能舱。

曙光号功能货舱

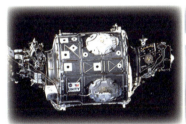

节点 1 号舱

命运号实验舱

哥伦布实验舱

国际空间站的桁架结构

中国空间站

　　中国载人航天工程第三步的空间站建设，初期将建造三个舱段，包括一个核心舱和两个实验舱，每个舱重量为20多吨，基本构型为T字形。空间站运营期间，最多的时候，将有一艘货运飞船、两艘载人飞船对接在空间站上。

　　专家介绍，现在计划的规模是适度的，可以满足重大科学研究项目的需要，而扩展能力的设计，将为满足科学前沿的发展需求提供更为强大的支持能力。

　　2020年空间站建好后将随即投入正常运营，开展科学研究和试验，促进我国空间科学研究进入世界先进行列，为人类文明发展进步做出贡献。我国的空间站也将为全球科学家提供科学研究和试验机会。

中国空间站亮相2018年珠海航展

未来空间站兼有组合体，控制与应用试验功能，具备独立飞行能力，与核心舱对接后形成组合体，可长期在轨驻留进行科学试验，并对核心舱平台功能予以备份和增强。

神舟系列载人飞船与空间站、空间实验室对接，神舟飞船采用三舱方案，额定乘员3人，可自主飞行7天。

未来空间站核心舱模块分为节点舱、生活控制舱和资源舱，主要任务包括为航天员提供长期在轨驻留和居住环境，支持飞船扩展模块对接停靠并开展空间应用实验，是空间站管理控制中心。

货运飞船是未来空间站后勤保障系统。主要任务一是补给空间站推进剂消耗，运送维修设备，延长空间站使用寿命，二是运送航天员工作生活用品，保障航天员长期在轨驻留，三是运送科学设备，保障大规模空间试验展开。

未来空间站兼有组合体，控制与应用试验功能，具备独立飞行能力，与核心舱对接后形成组合体，可长期在轨驻留进行科学试验，并对核心舱平台功能予以备份和增强。

航天飞机

　　航天飞机是一种有人驾驶可重复使用的载人航天器，它既能像火箭一样垂直起飞，又能像载人飞船一样在轨道上运行，还能像飞机一样水平着陆。它是火箭、航天器和航空器的综合产物。

　　航天飞机可乘坐 7 名航天员，其中有 3 名机组人员，4 名科学技术专家。航天飞机主要完成国际空间站的组装，在轨道上运行时还可完成释放卫星、回收及维修卫星、进行各种微重力科学实验等多种任务。

　　美国研制过 5 种型号的航天飞机：哥伦比亚号航天飞机、挑战者号航天飞机、发现号航天飞机、亚特兰蒂斯号航天飞机和奋进号航天飞机。

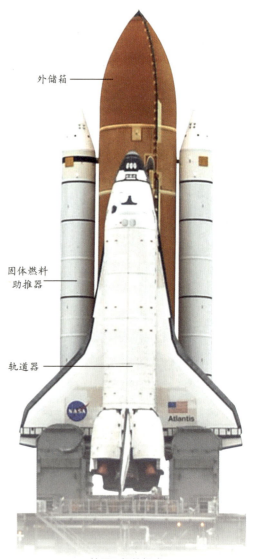

外储箱

固体燃料助推器

轨道器

航天飞机的组成

航天飞机在太空中飞行

航天飞机与国际空间站对接

　　航天飞机由以下三部分组成。

　　轨道器：轨道器是航天飞机的核心部分，是整个航天飞机系统中唯一可载人、可重复使用的部分。

　　固体助推器：固体助推器的作用是助推，用于补充主发动机推力的不足。

　　外储箱：用于装航天飞机的推进剂，如液态氧和液态氢。

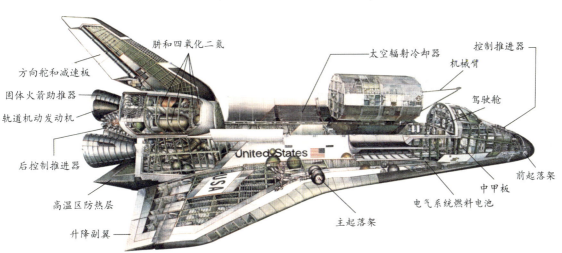

方向舵和减速板
肼和四氧化二氮
固体火箭助推器
轨道机动发动机
太空辐射冷却器
控制推进器
机械臂
驾驶舱
后控制推进器
前起落架
高温区防热层
中甲板
电气系统燃料电池
升降副翼
主起落架

美国航天飞机轨道器结构图

太空行走

太空行走是一种约定俗成的叫法，科学术语应该是"出舱活动"。出舱活动的定义是：航天员穿着舱外活动航天服，离开飞船、航天飞机或空间站，进入空旷的宇宙空间（包括在月面上或是在火星上），完成指派的各种任务的过程。

太空行走是载人航天的一项关键技术，也是航天员在太空的一项重要活动。

从俄罗斯航天员列昂诺夫第一次太空行走到现在，太空行走已经有50年的历史。到目前为止，全世界共有209名航天员进行过740次太空行走，在太空停留的时间总共为3956小时，其中男性航天员共进行过709次太空行走，女性航天员共进行过31次太空行走。

中国航天员首次太空行走

  2008 年 9 月 27 日 16 时 41 分 00 秒，身着中国自行研制的第一套舱外航天服 —— "飞天"舱外航天服的翟志刚打开神舟七号飞船舱门进入太空，实施中国首次空间出舱活动。他出舱后向地面报告："我已出舱，感觉良好，神舟七号向全国人民，全世界人民问好。请祖国放心，我们坚决完成任务！"

  在翟志刚穿的白色航天服上，鲜艳的五星红旗显得格外醒目。而后，身着俄制"海鹰"舱外航天服的航天员刘伯明也上身出舱，他将鲜艳的中国国旗递给翟志刚，翟志刚则开始向观众缓缓地挥动手中的五星红旗，北京指控大厅里掌声雷动。

  之后，翟志刚在太空中回收固体润滑材料，并将它交给轨道舱内的刘伯明，刘伯明将试验样品装入样品袋中。

  在翟志刚的太空行走过程中，身上始终有两条安全系绳与母船相连，每一步操作之前，他都要先在舱壁的扶手上固定好安全系绳的挂钩，一根固定好了，另一根才能改变位置。随后，航天员翟志刚报告：身体感觉良好！并报告准备返回轨道舱。16 时 58 分，北京航天飞控中心发出指令："神舟七号，返回到轨道舱"。

神舟七号航天员翟志刚（中）、刘伯明（右）、景海鹏 (左)

这时，翟志刚在轨道舱顶端移动，准备返回轨道舱。16 时 59 分，翟志刚进入轨道舱，并完全关闭轨道舱舱门，完成太空行走任务。整个太空行走花费大约 10 分钟。

航天员探身招手

航天员出舱

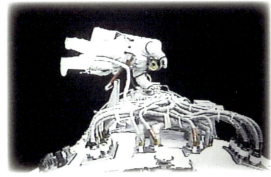

航天员舱外作业

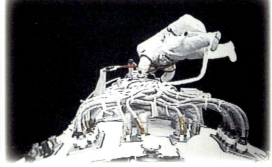

航天员准备进舱

航天员出舱挥动五星红旗

为什么要进行太空行走

　　航天员太空行走或出舱活动主要有五个目的：第一是太空维修，如维修天空实验室和和平号空间站等；第二是太空组装，如组装国际空间站；第三是太空服务，如航天员在航天飞机货舱内发射卫星或回收卫星；第四是太空科学实验，如美国阿波罗航天员在月面上进行的科学实验；第五是太空建设，将来航天员到达月球或火星，将在上面建设临时性基地或永久性基地。

航天员在舱外组装国际空间站

航天员在舱外维修卫星

航天员站在航天飞机的机械臂上

舱外航天服长什么样子

　　舱外航天服是航天员走出航天器到舱外作业时必须穿戴的防护装备。舱外航天服的作用就是维护航天员在太空行走时的生命安全。具体地说就是向航天员提供氧气、保持一定的大气压力、排除二氧化碳、维持舒适的温度和防止宇宙辐射的危害。除此之外，航天服还保证航天员在太空能顺利完成各种任务，因为航天员穿上航天服在太空行走时能看得清楚、能与地面控制中心或其他航天员进行通话联系、在航天飞机或空间站周围能随意行走和活动。总之，航天员在太空行走时，舱外航天服就相当于一艘贴身的小型飞船。

中国航天员身着舱外航天服 ——"飞天"

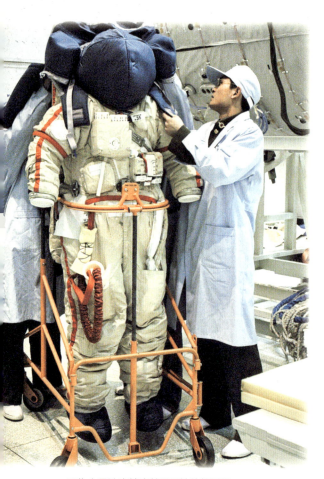

工作人员认真检查航天员舱外航天服

中国的舱外航天服 ——"飞天"

重量：120 千克

颜色：白色

造价：约 3000 万元

组成：头盔、上肢、躯干、下肢、压力手套、靴子

适用：身高 1.60 至 1.80 米的人都能穿

耐力：可支持 4 个小时舱外活动，

　　　并可重复使用 5 次

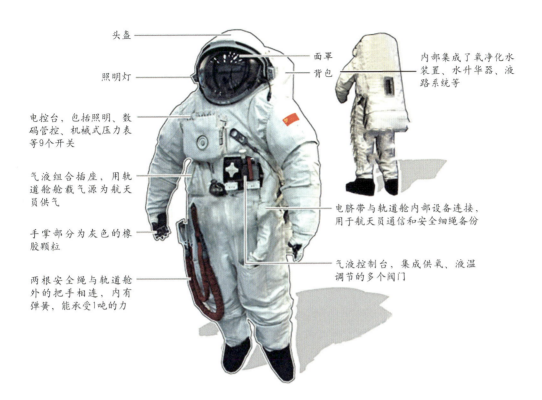

头盔

照明灯

电控台，包括照明、数码管控、机械式压力表等9个开关

气液组合插座，用轨道舱舱载气源为航天员供气

手掌部分为灰色的橡胶颗粒

两根安全绳与轨道舱外的把手相连，内有弹簧，能承受1吨的力

面罩

背包

内部集成了氧净化水装置、水升华器、液路系统等

电脐带与轨道舱内部设备连接，用于航天员通信和安全细绳备份

气液控制台，集成供氧、液温调节的多个阀门

中国"飞天"舱外航天服示意图

航天员试穿舱外航天服

美国的舱外航天服

美国的舱外航天服又称"舱外机动装备"。这种服装的主要组成部件有 16 项，包括主生命保障系统、第二氧气瓶、显示控制盒、生理测量系统、脐带式软管、服装内大气污染控制盒、服装的上身和下身、服装上肢、手套、头盔、尿收集袋、头盔上的遮阳板、饮水袋、通信装置和气闸舱内服装固定装置等。这种舱外航天服全套重 127 千克，价值 1200 万美元。

舱外航天服的服装由 14 层组成：最里层是液冷通风服的衬里；衬里外是液冷通风服；液冷通风服外是加压气密层；然后是限制层，限制加压气密层向外膨胀；限制服的外面是防热防微流星体服，由 8 层组成；服装最外层是外套，也起防热防微流星体作用。

航天员正在出舱

美国航天员在天空维修哈勃太空望远镜

　　航天员航天服是按上半身、下半身和手臂分开裁剪缝制的。上半身还有一个硬质玻璃纤维壳，是服装的支架，可支持主生命保障系统、服装的显示与控制盒、手臂、头盔、服装饮水袋、太空行走电气连接装具以及腰部密封环。下半身包括裤子、靴和腰部连接环。下半身在腰部还装有轴承，可保证身体的旋转和活动。服装上肢包括肩关节、上臂及手肘关节的轴承，有连接圈与服装上半身的玻璃纤维硬壳相连，航天员可多轴转动手臂。 手臂有不同尺寸，因此能适合不同身材的航天员穿用。

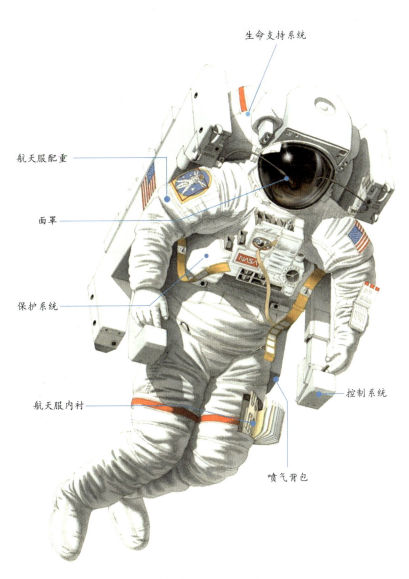

生命支持系统

航天服配重

面罩

保护系统

航天服内衬

控制系统

喷气背包

美国航天员航天服结构

俄罗斯的舱外航天服

俄罗斯的舱外航天服有三个特点：第一是容易穿脱，即不需要工作人员帮助，航天员自己即可完成穿脱；第二是可以在轨道上进行维修，如果在轨道上发现小的故障或问题，不需要送到地面去检查和维修，航天员在太空即可完成一般性的维修和保养；第三是服装虽然只有一个标准尺寸，但是适合于各种不同身材的航天员穿戴。

俄罗斯航天员在太空行走

俄罗斯航天员穿着舱外航天服在太空工作

俄罗斯舱外航天服的组成和结构包括：头盔、关节轴承、服装上半身、手臂和肩关节、服装下半身、手套、航天靴、防热防微流星体服和生保系统。

放置在国际空间站上的两套俄罗斯航天服

航天员在进行穿着航天服训练

太空行走不是"走"

太空行走并不像人们在马路上遛弯或在公园里散步，它其实并不是"走"。因为太空一无所有，既无人行道，也没有大马路，因此无处可走；而且太空是"失重"状态，航天员的身体飘浮在太空中，也无法行走。航天员在失重状态下移动身体，一般是用手，而不是用脚。为了方便航天员的行动，工程设计人员在航天飞机或空间站的里外都安装了一些扶手，航天员用手握住一个一个扶手来回移动身体。如果是在太空，远离载人飞船、航天飞机或空间站，航天员要行动时则需用一种特殊的机动装置，来推动自己的身体前进。这种机动装置其实是推动装置，就是使用喷嘴喷出高压气体，推动航天员的身体朝一定方向移动。为了保证航天员在太空行走中能很好地移动身体，美国曾研制出多种机动装置，其中最主要的是航天飞机航天员用的机动装置和目前在国际空间站上使用的"简易出舱活动救生辅助装置"。

航天员正在太空行走

航天员正在空间站舱外工作

航天员在太空行走中想尿尿怎么办

航天员太空行走一般需要持续 5 ～ 6 小时，有时甚至长达 7 ～ 8 小时，在这期间如果想尿尿怎么办？由于太空是真空环境，航天员被舱外航天服严密保护着，如果身体的某部分被暴露在外，就会受到真空低压环境的严重伤害。为了让在太空行走中的航天员也能正常尿尿，在出舱之前航天员要穿戴上航天员专用的尿不湿。

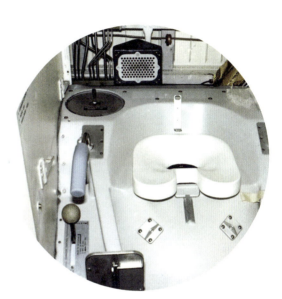

在空间站使用的厕所

美国航天员使用的尿不湿

航天员在太空行走时如何饮水

在太空行走时，航天员一般不吃东西，但必须饮水。为了让航天员能方便饮水，在太空行走前穿舱外航天服的时候，航天员就将一个饮水袋挂在服装内的胸前部位，饮水袋上有一根长管子，航天员低头就能吸到水。

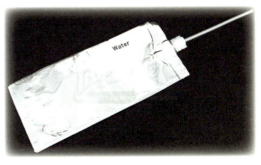

航天员的饮水袋

太空生活

太空是个充满魅力的神奇世界,那里没有空气、没有大气压力,物体没有重量,四周充满危险的宇宙辐射。航天员在太空生活,无论衣、食、住、行都与地面不同。在这一章里我们将介绍航天员太空生活中一些鲜为人知的事情。

失重状态下航天员摆出的造型

空间站航天员聚餐

航天员在空间站弹奏吉他

航天员在空间站工作

航天员在空间站进行锻炼

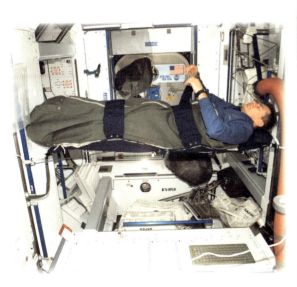

航天员在空间站休息

工作中的航天员

航天食品什么样

　　航天员在太空吃什么？吃航天食品。什么是航天食品？所谓航天食品就是供航天员在航天飞行中食用的一类特制的食品。航天食品是根据航天员所处的特殊的太空环境，结合他们的口味和消化吸收能力，以及特殊进食方式而研制和生产出来的。提供美味可口、安全健康的航天食品，是保证航天员顺利完成航天飞行任务的重要条件。航天员现在常吃的航天食品分为6大类。

即食食品：是一种拿过来就吃的食物，不需要进行再加工处理。

复水食品：这种食品在食用前必须复水，复水后即可食用。

热稳定食品：是经过加热灭菌处理的软包装食品或罐头类食品。

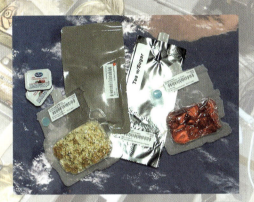

冷冻冷藏食品：在地面上冻好带上太空的，溶化后即可食用。

辐射食品：这是经过放射线杀菌后的食品。

自然状态食品：即新鲜的水果、蔬菜等。

中国航天食品有什么特色

在世界航天食品当中，我国的航天食品具有中国特色，特别是传统的中式菜品都尽可能出现在航天食谱中，相比西餐更加色香美味，可口宜人。

太空食品——墨鱼丸

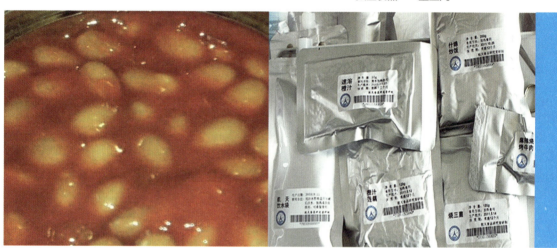

太空食品——茄汁黄豆

太空食品

带上太空的八宝饭

太空食品——红椒贡菜

航天员在太空品尝粽子

中国航天食品的特点主要表现在：形式上是以中式食品为主，搭配成的航天膳食具有明显的中餐特色，能够符合中国航天员的口味要求。膳食有主食和副食之分，主食主要以米面类的食物为主，副食讲究荤素搭配，在加工上注重色香味形。如八宝饭，不仅风味独特、色泽艳丽，其中的莲子、桂圆等配料还有保健功能，具有浓郁的中国特色。

中国航天食品种类繁多，目前品种已经超过 80 种。中国航天食品的菜单中包罗了脱水米饭、咖喱米饭、鲍鱼、鱼香肉丝、宫保鸡丁等中国菜肴，同时也有各种鱼类和肉类罐头。饮料除咖啡、果汁等品种外，还提供了速溶绿茶。

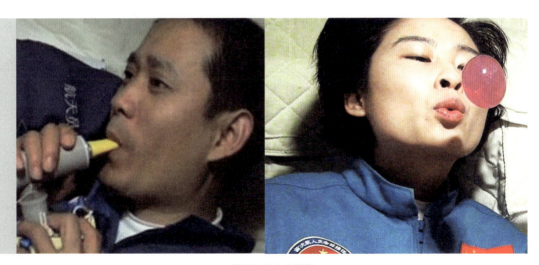

航天员在太空就餐

国际空间站上的航天食品

外国航天员喜欢吃什么食品

中外航天员的饮食习惯不同。根据国际空间站上的统计，外国航天员最喜欢吃的食品是：巧克力、玉米饼、酸奶、瑞典肉丸、鸡汤、涂有麻辣酱的虾、辣酱、葱、蒜、日本的外卖食品（如葱爆牛肉，涂有海鲜酱的豆腐、煎饼和乌冬面等），特别是一些令航天员意想不到的开胃小菜。

航天食品

特制巧克力

放在餐盘上的食品和餐具

太空食品

航天员在太空就餐

航天员在准备圣诞甜点

在空间站庆祝感恩节

俄罗斯的航天食品

自制的汉堡

太空能吃冰淇淋吗

太空冰淇淋

航天员在太空一般是不能享受冰淇淋的，因为无论是飞船、航天飞机或是国际空间站上都没有家用电冰箱。美国航天飞机和国际空间站上虽然有冰箱，但那是供科学实验用的，里面不能保存食品。不过近年来由于国际空间站上的人员和科学实验减少，站上的冰箱腾出许多空间，美国宇航局允许航天员在冰箱内存放冰淇淋。这样一来国际空间站航天员即可像在地面一样享受冰淇淋。中国神十航天员在端午节的时候还享用了豆沙粽子。

为什么在太空会食欲不振

尽管航天食品品种多样，花样齐全，营养丰富，但航天员却普遍抱怨在天上食欲不振，吃饭吃不出味道。据科学家分析，原因可能不在食品本身，而是太空环境引起航天员的味觉失调。如失重使鼻腔充血，导致味觉神经钝化，唾液分泌发生变化。

为了让航天员在天上吃得好，中国科学家在品种、花样、味道上都做了多种改进，还请航天员在地面进行品尝、提出意见。食谱4天轮换一次，增加了蔬菜的比重，此外还特地为航天员准备了辣酱等调味品，有助"开胃"。针对航天员的不同饮食习惯，还准备了甜点、巧克力和一些零食。

品尝巧克力豆

航天员在太空要饮多少水

饮用水的供给量应满足航天员的饮水需求。不同国家和不同的航天任务，饮用水的供给量也不相同，这主要取决于航天员的能量消耗、饮用水来源、食品含水量以及环境温度和湿度等。就正常轨道飞行而言，每人每天饮用水供给量为 2.5～3.0 升。在俄罗斯，饮用水供给量为每人每天 2.5 升（其中包括食品含水量 0.9 升）。在美国，过去的饮用水供给量是每人每天 2.6 升，其中包括制备食品用水 0.8 升；现在的饮用水供给量增加到每人每天 3.0 升，其中制备复水饮料用水 1.4 升，制备复水食品用水 0.9 升。我国航天员饮用水供给量是每人每天 3.0 升。

航天员在空间站里饮水

航天员在空间站饮用软饮

航天员的饮用水从哪儿来

信不信由您。中国航天员在太空的饮用水是从地面带上去的，而美国航天员的饮用水则是由尿变来的。例如现在还在太空运行的国际空间站，上面安装有一台"制水机"，能够将站上航天员的尿液、汗液和洗涤用水收集起来，经过复杂的物理化学方法处理，转变成纯净的饮用水。据说，这样生成的饮用水，甚至比我们在地面上家里的自来水还要干净和卫生，不仅没有尿骚味和汗臭味，而且完全无菌、绝对安全。

美国宇航局用尿液生产饮用水的机器

为什么国际空间站上要用航天员尿液、汗液和洗涤用水产生饮用水？这是因为从地面上往空间站上运送水费用非常昂贵。据估计，国际空间站上的航天员每年从地球上补给的水最少需要6.8吨，航天发射费用每千克至少5万美元，因此仅航天员饮用水的费用每年就需要18亿美元。为了节省开支，航天员不得不饮用从自己尿液中生产的水。

航天员品尝用尿液制成的饮用水

失重状态下的水滴

航天员在太空吃饭有何禁忌

由于太空是失重环境，在失重环境中物体一般处于飘浮状态，因此吃东西的时候不能产生碎屑和粉末。因为这些东西能在舱内自由飘浮，不仅会弄脏周围的仪器设备，而且还有可能被航天员吸入肺中，造成严重后果。另外，吃饭时用的刀、叉或筷子不能随便放置，不用的时候应固定在餐盘上。航天餐盘都有磁性，通过磁力能将金属制的刀叉固定在盘上。不仅如此，航天员进餐时，餐盘还得固定在自己的大腿上。

有意思的是，在失重状态下用普通的勺子从开口容器中取出食物是可能的。特别是有黏性的酱、浓汤和果汁等，用勺子取出来后还可以送入口中，中途不会飘浮或飞散。另外，在失重条件下用勺子取食物比用叉还可靠。例如用勺子盛牛奶，在失重条件下如果拿勺子的手左右晃动，牛奶也不会被晃出来；但如果是在地面，牛奶早被晃到地上。这是因为在失重条件下液体的运动是受表面张力、内聚力和黏着力的控制；在地面，则是受地球重力的控制。

航天员在空间站就餐的场景

空间站里飘浮的食物

航天员在太空怎么睡觉

人的一生有三分之一的时间是在睡眠中度过的，因此有一个舒适的环境以保证良好的睡眠极为重要。在这方面天上和人间都是同样的标准。但天上和人间有一个重要区别，这就是在地面上是1克重力环境，而在太空中是微重力或失重环境。在地面上最好的睡眠方式是躺在床上睡，实在不得已，也可以坐在椅子上睡，极少有人站着睡，更没有人会倒立着睡。但在失重条件下，睡眠不受姿势的限制，可以躺着睡、坐着睡、站着睡，甚至倒立着睡。在失重条件下睡眠的最大优点是不需要床。你只要在居住舱中找一个角落，没有噪声和振动干扰，便可以舒舒服服地睡上一觉。不过在睡前一定要用一根带子将自己固定在某个地方，否则当你睡着后，由于在失重状态下，航天员会在舱内飘来飘去，直到碰撞在某个物体上把你撞醒。

中国航天员刘洋展示睡袋

航天员在睡梦中手臂自然抬起

虽然航天员在失重条件下睡眠不受姿势的限制，也不需要床，但一般都需要个睡袋。睡袋上有一条长拉链，床铺上有两条带子，钻进睡袋后应将拉链拉上，用带子将自己牢固地固定在床铺上。如果舱内有噪声，可以戴上耳塞或耳套。最后调节好通风口和关上床头的壁灯即可入睡。

如何在太空搞个人卫生

航天员回到地面后，有人问他们在太空生活中都遇到过什么麻烦？大多数人说是处理个人卫生，如洗脸、漱口、刷牙、刮胡子和洗澡等。因为处理个人卫生都要涉及水，而水在失重环境中形成水滴后会飞起来。就拿刷牙、漱口来说，美国人最初是用一种特殊胶姆糖经过在嘴里充分咀嚼来代替刷牙的，俄罗斯的航天员则是用手裹着毛巾在口腔内按摩擦洗来代替刷牙。这两种方法很简单，但口腔中的细菌不易清除。有一次，俄罗斯的医监人员在给返回地面的航天员检查身体时发现，航天员口腔内存在许多致病细菌，这引起了航天医学专家的高度警惕，于是提醒航天员在太空不彻底刷牙是不行的。后来，专家要求航天员使用电泳牙刷和特制牙膏刷牙。直到发明了用密封式方法处理水的方式后，才使航天员有了彻底清洁牙齿和口腔的可能。航天员平时洗脸是用温毛巾擦洗，又称"海绵浴"。

航天员刘旺在天宫一号里刷牙

国际空间站航天员在刷牙

航天员在理发

女航天员在梳头发

太空厕所与地面厕所有何不同

太空中使用的厕所与地面上使用的厕所不一样，太空厕所不能使用抽水马桶，而是使用"抽气马桶"。这是因为太空中水极为宝贵，另外由于太空是失重环境，水不会往下流。这种"抽气马桶"是靠气流将大小便带走，因此使用这种厕所时，屁股一定要跟马桶的边缘贴紧，使马桶内完全密封。如果密封不严，里面的气流就无法将粪便带走。

俄罗斯设计的太空厕所

太空坐便器

在"抽气马桶"内大小便是分开收集的。马桶的前端有一个漏斗状的适配器，可以将小便收集和输送到小便桶中。太空厕所不分男女，但适配器则分男女。

在太空排便不是一件容易的事情，航天员必须经过专门的训练。

国际空间站上的太空厕所

太空厕所使用方法演示

航天员在太空业余生活怎么过

　　航天员在太空中工作也需要劳逸结合，主管部门也为他们安排节假日。在节假日空闲时间，航天员经常唱歌、演奏乐器、看电视录像、读电子版报纸、给地球上的亲人和好友发电子邮件，不过航天员最喜爱的还是通过航天飞机或是空间站上的舷窗观看宇宙星空和美丽的地球。

航天员在国际空间站唱歌

航天员在国际空间站演奏小号

女航天员在太空演奏长笛

航天员通过舷窗观看宇宙星空

国际空间站航天员节日会餐

女航天员在太空如何美发

俗话说"爱美之心人皆有之",女航天员在太空也不例外。外国女航天员喜爱留长发,因为在失重条件下头发是越长越美,不信你看看下面的图片。尽管在太空洗头极不方便,而且又没有水,但女航天员们还是克服重重困难,让美丽的长发像花朵一样在太空绽放和飘舞。

女航天员打理美丽的长发

在失重的环境下,女航天员的秀发宛如艺术品

各国航天员的美丽发型

航天员怎样在太空进行体育锻炼

航天员生活在太空当中，同样离不开体育锻炼。它除了增强体质外，可增强对失重及其他航天环境的适应能力，减少航天飞行中不良环境对航天员的有害影响。在长期航天的空间站内，都设有专为航天员体育锻炼用的航天体育器，其中主要是健身自行车、带有弹性固定带的专用跑台、弹簧拉力器及企鹅服等。

企鹅服正面、背面

女航天员刘洋在骑自行车健身

航天员在高级阻力运动装置上锻炼

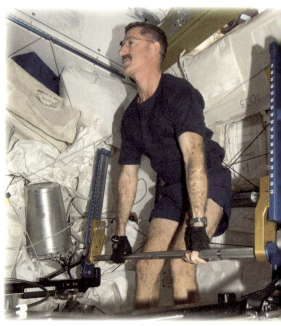

航天员在进行举重锻炼

企鹅服是俄罗斯航天员常用的一种体育运动装置，又称为"全身弹力负荷服"，这种装置其实并不是服装，而是一套由弹力索、弹力带和搭扣连接而成的弹力网络系统，穿上以后航天员必须使用伸肌用劲伸展，这样可以促进全身静脉血液回流。通过穿着企鹅服及企鹅服鞋，对航天员躯干和下肢产生力的负荷，对抗失重导致的肌肉萎缩。中国航天员进入天宫一号后，每天至少穿着"企鹅服"8个小时。

景海鹏在天宫一号舱内做旋转动作

航天员在跑步机上锻炼

刘旺在天宫一号内展示中国功夫

航天员在太空遇见过外星人吗

长期以来一直就有关于航天员看见外星人的传闻。而且据说有 19 名美国航天员先后看见过外星人，其中 X-15 火箭飞机航天员看到过 2 次，水星航天员看到过 4 次，双子座航天员看到过 5 次，阿波罗航天员看到过 8 次，航天飞机航天员看到过 5 次。但是经过专家们的仔细分析研究，发现这些所谓的看见外星人其实大都是航天员的视觉误差，或是识别错误。例如许多飞船或航天飞机舷窗外的白色物体，后来证实是泄漏出来的火箭推进剂，然后变成冰粒；也有的是脱落的绝缘材料、螺钉螺母；甚至还有航天员不注意丢失的工具或小零件等，所有这些，都被航天员误认为是外星人。总而言之，迄今为止还没有一位航天员真正看见过外星人。

阿波罗15号航天员在月面上看到的UFO

阿波罗16号航天员在月面上看到的UFO

航天员与外星人相见的想象图

国际空间站航天员看到的UFO

什么人能当航天员

　　既然人类一定要进入太空，那么，一个人具备什么条件才能成为航天员呢？要成为航天员，拥有良好的身体素质是前提，因为航天员在进入太空或返回地面的过程中，要克服航天器飞行时的力学环境、太空的物理环境和航天器的狭小空间环境等特殊环境下的重重困难，适应这种环境的考验，航天员的身体和综合素质十分重要。因此，有幸成为航天员的人可谓凤毛麟角。

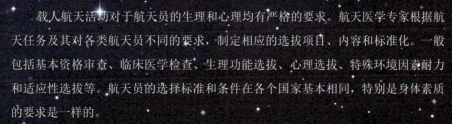

　　载人航天活动对于航天员的生理和心理均有严格的要求。航天医学专家根据航天任务及其对各类航天员不同的要求，制定相应的选拔项目、内容和标准化。一般包括基本资格审查、临床医学检查、生理功能选拔、心理选拔、特殊环境因素耐力和适应性选拔等。航天员的选择标准和条件在各个国家基本相同，特别是身体素质的要求是一样的。

　　航天员均选自歼击机飞行员；航天员的选拔均以飞行员选拔为基础；所规定的选拔项目几乎相同。选拔淘汰的比例大约是1:100。美国"水星"任务第一批7名航天员，是从500名军用飞机飞行员中选出的。俄罗斯的第一批20名航天员，是从3000多名飞行员中选出的，后来又有8名被淘汰，实际上参加飞行的只有12名。

　　在航天过程中要遇到各种特殊环境因素，如超重、失重、低压、缺氧、高低温、振动、噪声、辐射、隔绝等。在航天员的选拔过程中，要淘汰那些对这些特殊环境因素敏感和耐受能力差的人，挑选耐力和适应性优良者。

中国航天员如何选拔

中国第一批航天员的选拔

　　1995 年开始进行，选拔程序分四个阶段：第一阶段为预选，从 1500 名飞行员中选出 800 人；第二阶段为初选，从 800 名中选出 60 人；第三阶段为复选，从 60 名中选出 20 人；第四阶段为定选，最后确定了目前中国第一批 14 名航天员的人选。

中国航天员的选拔标准

- 中国空军飞行员
- 大专以上学历
- 累计飞行时间在 600 小时以上
- 强健的身体
- 良好的心理素质和反应能力
- 年龄 25 ～ 35 岁
- 身高 160 ～ 172 厘米
- 体重 55 ～ 70 千克

中国航天员重温入队誓词

中国第二批航天员的选拔

选拔工作于 2009 年 5 月全面启动，分初选、复选、定选三个阶段，经过初选，共选出男性候选人 30 名、女性候选人 15 名，45 名候选人全部是空军现役飞行员。这些人又经过复选和定选，最终选拔出 5 名男性航天员和 2 名女性航天员。这 7 名航天员都具有本科学历，最大的 35 岁，最小的 30 岁，平均年龄 32.4 岁，均已婚。5 名男航天员均是现役空军歼（强）击机飞行员，2 名女航天员均是现役运输机飞行员，平均飞行时间 1270.7 小时。

中国首批航天员

女航天员刘洋和王亚平

中国航天员怎样训练

基础理论训练

在这一阶段，航天员要学习飞行动力学，空气动力学，地球物理学，气象学，天文学，宇宙航行学，火箭和飞船的设计原理、结构、导航控制，通信、设备检测，航天医学知识。

另外，在这一阶段还需进行体质训练、心理训练和航天环境适应性训练。所谓航天环境适应性训练，主要是利用人用离心机、低压舱、电动转椅和秋千、着陆冲击塔等环境模拟设备，根据飞行过程中可能出现的极端环境进行训练，这些极端环境有加速度、低压和缺氧等。

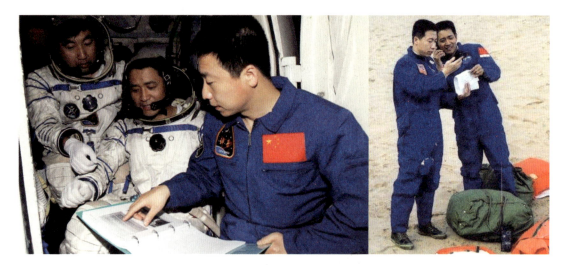

杨利伟与聂海胜等航天员在训练中交流心得

航天员杨利伟进行海上逃生训练

航天员杨利伟在训练中

航天员杨利伟在飞船模拟器中训练

专业技术训练

学习载人飞船总体和各分系统的工程技术知识，主要是了解系统的组成、可能发生的故障和对故障的处理方法。

分系统操作技能训练主要包括环境控制与生命保障分系统、制导导航和控制分系统、仪表照明分系统以及飞船上的乘员分系统。

航天员的野外生存和救生训练包括海上、沙漠、丛林等。

此外，还有进行体质训练、心理训练和航天环境适应性训练。

神舟六号飞船航天员费俊龙、聂海胜在训练

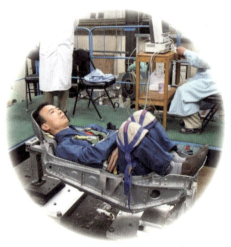

神舟六号飞船航天员费俊龙在进行震动训练

航天员进行模拟器训练

航天员进行转椅训练

航天员景海鹏、刘旺、刘洋进行野外生存器材使用训练

景海鹏、刘旺、刘洋在进行交会对接训练

航天员刘洋在训练中

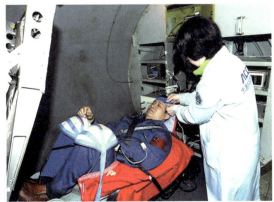

航天员聂海胜在离心机上做测试训练准备工作

工作人员对王亚平的压力服进行加压测试

飞行任务训练

　　学习飞行程序、任务内容和技术
要求；飞行任务组在飞行模拟器上的
协作训练；飞行任务组与地面控制中
心人员的协作训练；飞行任务组在载
人飞船上的实际训练；体质训练、心
理训练和航天环境适应性训练。

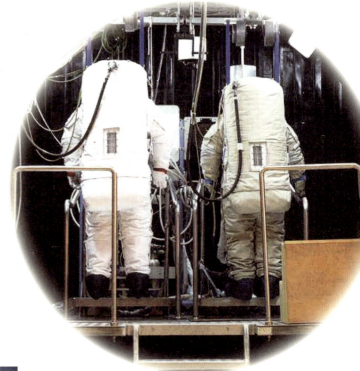

航天员在低压舱训练

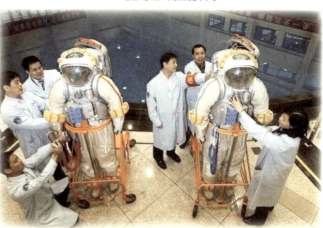

工作人员对航天服进行检测

航天员进行逃生训练

航天员进行模拟失重水槽训练

海上返回舱逃生训练

实验室环控生保试验舱

实验室航天服试验舱

对航天员进行噪声测试

中国航天员的训练设备

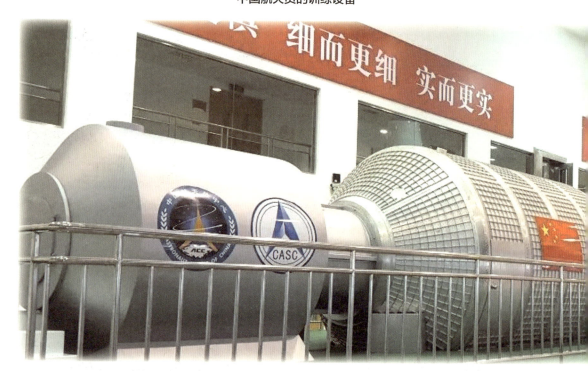

飞行模拟器

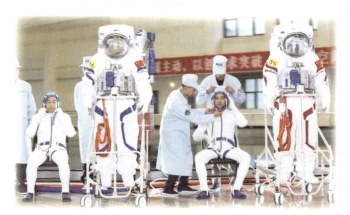

航天服

转椅训练

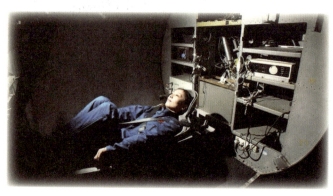

在离心机上进行超重训练

冲击塔

低压舱

航天员进行失重训练

天象仪

电动秋千

逃逸训练塔

外国航天员怎样选拔和训练

　　美国航天员的选拔过程分为三个阶段：初选，申请人一般有 3000 ～ 4000 名；复选，在休斯敦航天中心进行，从中挑选出 100 ～ 120 名；定选，最后定选出 11 ～ 25 名。整个选拔过程历时一年。定选出的航天员候选人再经过两年紧张训练，最后成为正式航天员。

学员在失重飞机内体验失重

训练航天员用的国际空间站模型

训练航天员用的离心机

俄罗斯的中性浮力水池

美国早期航天员的选拔标准为：年龄在 40 岁以下；身高在 1.58 米左右；身体健康；美国空军试飞员；为合格的喷气式飞机驾驶员；有 1500 小时以上的飞行经验；具有工程方面的学士学位。

美国现在的航天员选拔标准比以前有所放宽。

美国航天员的训练也是分基础理论训练、专业技术训练和飞行任务训练。

可作抛物线飞行的失重飞机

航天员在中性浮力水池中训练太空行走

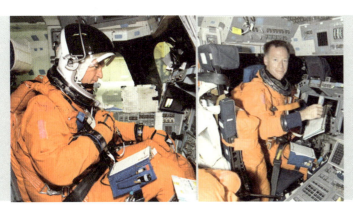

航天员在飞行模拟器中训练

国外航天员几种主要的训练方法：

- 失重飞机的抛物线飞行
- 中性浮力水池
- 航天飞行模拟器
- 交会对接模拟器
- 国际空间站模拟器

在航天员选拔训练中男女有差别吗

　　航天员中既然有男有女，就有性别上的差异。不过这种差异对女航天员完成航天任务没有造成明显影响。而且男女航天员的这种性别差异有些表现为女性占优势，有些是男性占优势，双方其实不分上下。因此今天世界各国都是使用同一标准选拔和训练航天员，没有专门针对女航天员的选拔和训练标准。截至 2018 年 4 月，全世界女航天员共 58 名，占航天员总数的 10.6%。

　　在这 58 名女航天员中，美国 46 名，俄罗斯 3 名，加拿大和日本各 2 名，英国、法国和韩国各 1 名。中国 2 名。

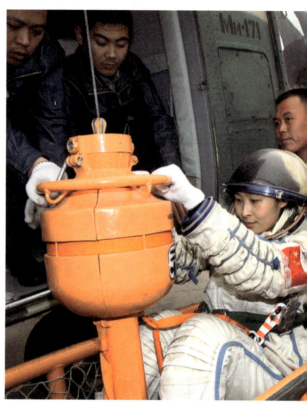

执行神舟九号与天宫一号飞行任务的中国第一个女航天员刘洋

刘洋在天宫一号舱内向女同胞问好

世界第一个上天的女航天员捷列什科娃

世界第一个太空行走的女航天员萨维茨卡娅

 这些女航天员的平均年龄为 32 岁，而男航天员为 38 岁；女航天员的平均体重是 60.7 千克，而男航天员为 81.2 千克；女航天员的平均身高比男航天员矮 10 厘米，脂肪含量比男航天员多 11%，肌肉质量少 8%。

哥伦比亚号航天飞机事故中丧生的两位女航天员

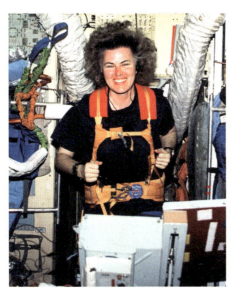

在太空停留时间最长的女航天员香农·卢西德　　　航天飞机第一位女指令长柯林斯

当航天员需要做哪些准备

当航天员的四项基本准备：

- 政治思想准备
- 身体素质准备
- 心理素质准备
- 科学知识准备

对青少年的一点期望

　　对于有志于当航天员的同学，有志者事竟成，希望你们坚持不懈，为自己的理想努力奋斗，最后一定会成功！

　　对于没有考虑当航天员的同学，希望你们以航天员为榜样，用航天员的标准要求自己，像航天员一样为祖国的繁荣和富强作出贡献！

后　记

　　随着我国航天事业的高速发展和取得的辉煌成绩，航天的科技成果和动态已成为全国人民关注的热点，尤其是广大青少年对航天技术表露出浓厚的兴趣。航天院士和技术专家在全国各地宣讲航天知识时也深切感受到孩子们对航天知识的渴望。基于此，《筑梦科技·航天篇》系列丛书得以策划出台。

　　本套丛书分为《载人航天》《神剑腾飞》《卫星巡天》《九天揽月》和《登天火箭》五册。主要围绕最新的航天科技成果，结合当前人们最关心的航天科技话题，以生动活泼的形式系统介绍航天技术的发展过程和相关知识，并以此为主线，穿插介绍我国航天领域的科技专家。目的是在青少年中广泛宣传"'中国梦'就要通过'科技强国'来实现"的理念，将实现"中国梦"具体化、形象化。丛书通过对航天知识的介绍，使广大读者了解我国航天事业从无到有，从小到大，从弱到强的发展过程以及科学家及广大科技工作者艰辛的奋斗历程，深刻理解科技强国实现"中国梦"的内涵。

　　在本套丛书的成书过程中，得到了航天科工办公室和中国科学院院士梁思礼、中国工程院院士张履谦的极大关注和大力支持。在选题策划会上，两位老院士不顾年事已高，亲自参加会议，对这套图书寄予了深切希望；航天领域的专家吴国兴、尹怀勤、刘登锐、孙宏金、杨建亲自执笔，并进行了多次修改，保证了图书的专业性和权威性；原中国科普作协秘书长、时任科学普及出版社人物研究所顾问的张秀智老师从选题的提出到稿件的组织提出了宝贵的意见和建议；丛书主编田如森老师参与了策划、设计、审稿全过程，对图书的出版倾注了大量心血和精力；负责排版的徐文良老师不辞辛劳，一遍遍不厌其烦地修改完善版式设计，花费了大量时间……在此向他们深表感谢！正是由于大家的共同努力，才使本套丛书得以顺利出版。另外，本书编写中参考了《中国航天报》《中国航天》《太空探索》《国际太空》等报刊上的有关文章，以及《当代中国的航天事业》等书籍，感谢南勇、田锋、秦宪安、张贵明、吴国兴、邱乃勇、张贵玲、张彧、田奕、林巧英、张旭明、张淑芳等提供资料，同时感谢中国宇航学会的帮助和支持。

　　本套丛书在内容上不求"面面俱全"，不求知识层面上"大的系统性、完整性"，而要做到"答疑而有趣"，就某一个问题进行系统性的讲解，且知识深度适宜；在版式上坚持以图为主，多用真实图片来普及航天知识。由于出版时间有限，错误和缺陷在所难免，希望读者和专家不吝赐教。